Ketogene Ernährung
Für Einsteiger

77 leckere Rezepte für die Ketogene Diät inkl. 14 Tage Diätplan

Food Experts

Inhalt

Einleitung 7

Die Ketogene Diät - Was steckt dahinter? 8

Welche Lebensmittel stehen auf der verbotenen "Black List"? ...9

Welche Lebensmittel sind erlaubt? 10

Was ist nun so besonders an der ketogenen Ernährung? 11

Gibt es Nachteile bei der ketogenen Diät? 12

Rezepte für ein ketogenes Frühstück 13

Keto Pfannkuchen 14

Joghurt mit Beeren 15

Eier mit Räucherlachs 16

Oopsies oder Wolkenbrot 17

Rührei mit Tomaten 18

Asiatische Frühstücks-Suppe 19

Quark mit Chili und Ingwer 20

Käse Röllchen mit Schinken 21

Eiweiß Omelette mit Bacon 22

Joghurt mit Nüssen 23

Rezepte für ketogene Mittagessen und Abendessen 24

Beef Tartar 25

Hühnersuppe mit Ei 26

Hack-Bällchen in indischer Sauce 27

Pochierter Fisch in Dillsauce 29

Puten-Steak mit Blauschimmel Käse 30

Carpaccio mit Mozzarella 31

Gebratener Sesam-Fisch 32

Konjak Nudeln a la Bolognese 33

Gefüllter Tintenfisch 34

Gebratene Hühner-Herzen mit Knoblauch 35

Thailändische Tom Yam Gung Suppe mit Garnelen 36

Lachs Tartar 37

Gulasch nach Keto Art 38

Reh-Medaillons mit Pilzen 40

Rezepte für ketogene Snacks 42

Kleiner Eier-Salat 43

Staudensellerie mit Dip 44

Eiweiß Booster - Joghurt 45

Schneller Eierstich 46

Knusprige Keto Parmesan Chips 47

Ofen-Käse 48

Keto Chips aus aromatischem Kohl 49

Italienische Caprese Salat 50

Indisches Gewürz-Joghurt 51

Süßer Hüttenkäse 52

Rezepte für ketogene Drinks 53

Gurken und Ingwer Smoothie mit Joriander und Limette 54

Grüner Tee mit Vanille 55

Keto Schokoladen Shake 56

Keto Cocktail a la Cuba Libre 57

Virgin Colada Keto Style 58

Matcha Smoothie 59

Moringa Shake 60

Detox Wasser 61

Rezepte für ketogene Desserts 62

Panna Cotta 63

Buttermilch Nockerl 64

Fruchtiger Beeren Trifle 65

Wackelpudding 66

Baiser 67

Schokoladen Omelette 68

Beeren Gratin 69

Unser 14-Tage Plan für Deine ketogene Diät 70

1. Tag: 71

Frittata mit Blattspinat 71

Puten-Schnitzel mit Spiegelei 72

2. Tag: 73

Grillkäse mit Putenschinken 73

Gebratene Garnelen 74

3. Tag: 75

Rührei mit Lachs 75

Steak mit Schmelz-Zwiebel 76

4. Tag: 77

Bacon and Eggs 77

Steak vom Strauß mit Paprika-Sauce 78

5. Tag: 80

Pochiertes Ei mit Roastbeef 80

Scharfe Quark-Speise mit Kräutern 81

6. Tag: 82

Gegrillte Hühnerbrust mit Frischkäse 82

Zitronen-Eiweiß Quark 83

7. Tag: 84

Kalbs-Roulade mit Hüttenkäse 84

Omelette mit Käse 85

8. Tag: 86

Schinken-Käse Soufflee 86

Avokado gefüllt 88

9. Tag: 89

Weißer Spargel im Schinken-Mantel 89

Lamm Spieß mit Minz-Sauce 90

10. Tag: 92

Pancake mit Thunfisch 92

Eiweiß Shake mit Haferkleie 93

11. Tag: 94

Zucchini Nudeln mit Huhn und Pesto 94

Rührei mit Schinken 96

12. Tag: 97

Faschierte Laibchen 97

Süßes Rührei 99

13. Tag: 100

Käsesuppe mit Kokos 100

Omelette mit Muscheln 102

14. Tag: 103

Spinat mit Schinken und Ei 103

Huhn im Kräuter und Ei-Mantel 104

Bonustipps für eine maximale Fettverbrennung 105

Impressum 106

Einleitung

Ketogene Diäten sind in aller Munde, meist jedoch scheitert die Durchführung schlicht und einfach daran, dass ein fundiertes Wissen über ketogene Ernährung fehlt. Im Internet werden heutzutage viele Keto-Rezepte veröffentlicht, die maximal unter die Kategorie Low Carb fallen würden. Ketogene Diäten und Low Carb Diäten sind natürlich eng verwandt, wobei bei einer Keto Diät die Bezeichnung No Carb eher zutreffend ist. Bei dieser Ernährungsform wird in hohem Maße auf Kohlenhydrate, also Carbs, verzichtet. Im nächsten Kapitel möchten wir intensiv darauf eingehen, wodurch sich eine Ketogene Diät auszeichnet und auch was diese bewirkt.

Die Ketogene Diät - Was steckt dahinter?

Das Prinzip ist eigentlich sehr einfach. Sobald dem Körper sehr wenige Kohlenhydrate zugeführt werden, können diese nicht mehr zur Energiegewinnung verwendet werden, und der Körper sucht eigenständig nach einer alternativen Lösung. Durch den vermeintlichen Mangel werden nun in der Leber sogenannte Ketogene aus Fetten erzeugt und diese als Energielieferant verwendet. Dieses körpereigene Verfahren wird Ketose genannt und ist das A und O - bei einer ketogenen Ernährung ist es das große Ziel, den Körper in die sogenannte Ketose zu bringen. Während die Kohlenhydrate drastisch reduziert werden, ist der Verbrauch von Fett relativ hoch. Generell gilt die Faustregel, dass 5% der Nahrung aus Kohlenhydraten, 35% aus Eiweiß und 60% aus Fett bestehen soll. 50 Gramm Kohlenhydrate pro Tag gelten bei dieser Diätform als Obergrenze. Der Fettanteil kann bis zu 75% betragen. Die Regel besagt, dass pro Kilogramm Körpergewicht täglich bis zu 1,4 Gramm Eiweiß verzehrt werden sollen. Daher kann diese Diät nie verallgemeinert werden und sollte stets individuell angepasst werden. Um Eiweiß und Fett in die richtige Balance zu bekommen werden Butter, hochwertige Öle, oder aber Joghurt, Quark und Co addiert oder weggelassen.

Um keine Heißhunger Attacken zu bekommen ist es während einer ketogenen Diät besonders wichtig, dass die Rezepte abwechslungsreich sind. Nur wenn der Speiseplan auch während einer Diät bunt und facettenreich ist, wird das Vorhaben Abnehmen auf Dauer von Erfolg gekrönt sein. Natürlich könntest Du Dich laut der ketogenen Methode auch tagelang nur von gebratenem Fleisch und Eiern ernähren. Dies ist genauso wirksam, jedoch wird Dir diese Ernährung über kurz oder lange zum Hals hinaus hängen und Du gibst auf. Auch ist einseitige Ernährung erwiesenermaßen nicht gesund. Mit unseren Rezepten erhält Dein Körper auch sämtliche Vitamine, Mineralstoffe und Spurenelemente, sowie Ballaststoffe, die er benötigt. So bleibst Du auch während der Diät vital und gesund.

Welche Lebensmittel stehen auf der verbotenen "Black List"?

Sämtliche Nahrungsmittel, die viele Kohlenhydrate enthalten sind natürlich verboten. Doch keine Angst, in unseren Rezepten wirst Du tolle Alternativen dafür finden. Nudeln, Reis und Hülsenfrüchte werden jedoch konsequent vom Speiseplan gestrichen. Auch auf Kartoffeln, Süßkartoffeln und Kohlenhydrat reiches Wurzelgemüse wird verzichtet. Natürlich sind auch Softdrinks wie Cola und Co gestrichen. Viele denken, dass Fruchtsäfte sehr gesund sind, doch auch diese enthalten zu viel Zucker und sind somit ein No-go. Diät Getränke ohne Zucker, die mit Süßstoffen versetzt sind, sind hingegen erlaubt. Auch Obst selbst befindet sich auf der schwarzen List. Lediglich Beeren in kleinen Mengen - und nicht jeden Tag - sind erlaubt.

Während der ketogenen Ernährung sollte auch konsequent auf Alkohol verzichtet werden. Alkohol hat nicht nur viele Kalorien und Kohlenhydrate, nach dem Genuss von Alkohol steigt auch der Appetit auf Süßes, Fettes und Ungesundes.

Zu viel Salz und Fertigprodukte, auch Gewürzmischungen, sollten vermieden werden. Gerade in Gewürzmischungen versteckt sich häufig viel Zucker. Du solltest Dir angewöhnen, die Deklarationen der Verpackungen genau zu lesen. Häufig werden zum Beispiel Joghurts als light oder Diät bezeichnet. Dabei sind diese meist nur von Fett reduziert und enthalten dennoch viel Zucker. Greif also hier zu Produkten, die zwar einen hohen Fettgehalt haben, dafür aber ohne Zuckerzusatz sind.

Welche Lebensmittel sind erlaubt?

Fleisch, Fisch und Meeresfrüchte, Eier und Milchprodukte stehen ganz oben auf der erlaubten Liste während einer ketogenen Diät. Auch Nüsse, Kerne, Samen, Kräuter und vor allem hochwertige Öle sind durchaus erlaubt. Beim Gemüse solltest Du zu Varianten mit wenigen Kohlehydraten greifen. Dazu zählen Avocados, Tomaten, Zwiebel und vor allem sämtliches grünes Gemüse dominiert nun Deinen Speiseplan. Zum Süßen kannst Du gewöhnlichen Süßstoff aus dem Handel verwenden, kannst aber auch zu Stevia, Xylit oder Birkenzucker greifen. Honig ist während der ketogenen Diät ebenfalls nicht erlaubt und auch Ahornsirup ist gestrichen.

Was ist nun so besonders an der ketogenen Ernährung?

Der große Vorteil bei dieser Diät ist, dass der Körper ziemlich rasch abnimmt und die Kilos beinahe im Schlaf purzeln. Ein großer Pluspunkt im Vergleich mit vielen anderen Abnehm-Programmen ist, dass hier keine Kalorien oder Punkte gezählt werden müssen. Auch ist es nicht nötig, sämtliche Lebensmittel genau mit der Waage abzumessen. Es zählt einzig und alleine, dass die Nahrungsmittel so wenige Kohlenhydrate als möglich enthalten. Wird dies befolgt, so ist diese Diät wirklich effektiv.

Der Blutzuckerspiegel wird konstant niedrig gehalten und schon nach wenigen Tagen verschwindet auch der Appetit auf Süßes. Zucker und Kohlenhydrate machen ähnlich abhängig wie Alkohol oder Nikotin, dies ist nur den wenigsten bewusst. Wird nun konsequent darauf verzichtet, so schwindet bereits nach wenigen Tagen der Heißhunger darauf. Da Du Dich bei dieser Diät auch richtig satt essen kannst, drehen sich Deine Gedanken nicht ständig um die nächste Mahlzeit. Dies ist ein großes Plus, um eine Diät auch wirklich durchhalten zu können.

Natürlich sollte eine Diät immer erst nach Ansprache mit dem Arzt begonnen werden. Die ketogene Diät zeigte in der Vergangenheit jedoch auch große Erfolge bei Patienten mit Diabetes und auch Herzpatienten, Epileptiker und sogar Alzheimer Patienten konnten mit dieser Diät erfolgreich und gesund abnehmen. Durch das Verzehren von wenig Zucker können sich auch Hautkrankheiten und sogar Akne verbessern. Daher ist die Keto Diät auch gerade bei Jugendlichen in der Pubertät empfehlenswert.

Gibt es Nachteile bei der ketogenen Diät?

Neben einem starken Verlangen nach Zucker in den ersten Tagen, dieser verschwindet aber ziemlich rasch, kann es anfangs vermehrt zu Kopfschmerzen kommen. Diesen schmerzen ist aber selbst gut entgegenzuwirken. Wichtig ist, dass ausreichend Wasser getrunken wird. Wasser ist nicht nur wichtig um die Giftstoffe auszuschwemmen. Wer ausreichend trinkt, reduziert auch automatisch das Hungergefühl. Wer Probleme mit Gicht und der Harnsäure hat, sollte unbedingt im Vorfeld das Diät-Vorhaben mit dem behandelnden Arzt abklären.

Nun möchten wir Dich aber nicht mehr länger auf die Folter spannen und starten mit unseren Rezepten. Dieser kleine Ratgeber ist in Kategorien für Frühstück, Mittagessen und Abendessen, Snacks, Drinks und Desserts unterteilt. Im Anschluss findest Du auch einen Plan für ein 14-Tage Programm. Dort haben wir jeweils zwei Mahlzeiten vorbereitet, die Du nach Lust und Laune mit einem Frühstück oder einem Snack kombinieren kannst. Achte stets darauf, dass Dein gesamter Umsatz an Kohlenhydraten nicht über 20 Gramm bis maximal 30 Gramm beträgt.

Rezepte für ein ketogenes Frühstück

Keto Pfannkuchen

Kalorien: 106,2 kcal | Eiweiß: 10,4 Gramm | Fett: 6,6 Gramm | Kohlenhydrate: 1,3 Gramm

Zutaten für eine Person:

1 Ei | 1 EL Frischkäse mit 0,2% FiT | 1 EL Mandelmehl | 1 Spritzer Süßstoff | 1 Prise Zimt gemahlen | 1 Prise Himalaya Salz

Zubereitung:

1. Das Ei mit dem Schneebesen gut schaumig schlagen und mit dem Frischkäse glatt rühren.
2. Das Mandelmehl einarbeiten und mit Süßstoff, Zimt und Salz abschmecken.
3. In einer beschichteten Pfanne ohne Öl zu einem Pfannkuchen backen.
4. Nach Bedarf mit etwas Streuxylit bestreuen.
5. Um einen höheren Fettgehalt nach Bedarf zu erzielen mit Oliven- oder Rapsöl anbraten.

Notizen:

_____

_____

_____

Joghurt mit Beeren

Kalorien: 121,7 kcal | Eiweiß: 3,6 Gramm | Fett: 9,3 Gramm | Kohlenhydrate: 5 Gramm

Zutaten für eine Person:

70 Gramm Joghurt | Saft und Abrieb einer halben Bio Limette | 1 Spritzer Süßstoff/Stevia | 1 EL Creme Fraiche | 20 Gramm Beerenmix frisch oder TK | 1 TL Zitronenmelisse gehackt

Zubereitung:

1. Den Joghurt mit dem Saft und dem Abrieb der Limette glatt rühren und mit Süßstoff oder Stevia abschmecken.
2. Die Beeren vorsichtig unterheben und mit der Melisse garnieren.
3. Wenn Du lieber einen Smoothie zum Frühstück genießen möchtest, gibst Du einfach alle Zutaten in den Mixer und verarbeitest diese zu einem cremigen Shake.
4. An heißen Tagen kannst Du zusätzlich einige Eiswürfel in den Mixer geben und zauberst so im Nu eine Art Keto Frozen Joghurt.

Notizen:
_____
_____
_____

Eier mit Räucherlachs

Kalorien: 290 kcal | Eiweiß: 24,6 Gramm | Fett: 20,8 Gramm | Kohlenhydrate: 1,1 Gramm

Zutaten für eine Person:

2 Eier | 1/2 TL Dill gehackt | 1 Messerspitze Sahne Meerrettich | 1/2 TL Butter | 1 Prise Himalaya Salz | weißer Pfeffer | 80 Gramm Räucherlachs

Zubereitung:

1. Die Eier mit dem Dill und dem Meerrettich glatt rühren und mit Salz und Pfeffer dezent abschmecken.
2. Vorsicht, der Räucherlachs selbst ist meist salzig genug.
3. In einer Pfanne mit heißer Butter das Ei zu einem Rührei verarbeiten und kurz vor Ende den Räucherlachs in Streifen geschnitten unterheben.
4. Du kannst das Rührei nach Bedarf auch noch mit frischem Schnittlauch oder fein gehacktem Chili bestreuen.

Notizen:

_____

_____

_____

Oopsies oder Wolkenbrot

Kalorien: 147,2 kcal | Eiweiß: 9,2 Gramm | Fett: 11,6 Gramm | Kohlenhydrate: 1,5 Gramm

Zutaten für eine Person:

1 Ei | 2 EL Quark | 1 Prise Himalaya Salz | weißer Pfeffer | 1/2 TL Sesam schwarz

Zubereitung:

1. Das Ei trennen und das Eiweiß zu einem steifen Schnee verarbeiten.
2. Den Dotter mit dem Quark glattrühren und mit Salz und Pfeffer abschmecken.
3. Den Eischnee vorsichtig unterheben.
4. Ein Backblech mit Backpapier auslegen und den Backofen auf 180°(Ober-/Unterhitze) aufheizen.
5. Mit einem Löffel Häufchen auf das Backpapier setzen und mit schwarzem Sesam bestreuen.
6. Das Wolkenbrot für 8 Minuten backen.

Notizen:

_____

_____

_____

Rührei mit Tomaten

Kalorien: 194,5 kcal | Eiweiß: 13,6 Gramm | Fett: 14,5 Gramm | Kohlenhydrate: 2,4 Gramm

Zutaten für eine Person:

2 Eier | 1/2 TL Butter | 1 Tomate | 1 TL Schnittlauch in Röllchen geschnitten | 1 Prise Himalaya Salz | Pfeffer aus der Mühle

Zubereitung:

1. Die Eier mit dem Schneebesen gut verquirlen.
2. Die Tomate vom Kerngehäuse befreien und in kleine Würfel schneiden.
3. Diese in der Butter für etwa 2 Minuten anbraten und leicht salzen und pfeffern.
4. Das Ei hinzufügen und bei kleiner Flamme langsam stocken lassen.
5. Mit einem Pfannenwender zerreißen und vor dem Anrichten großzügig mit Schnittlauch bestreuen.

Notizen:

_____

_____

_____

Asiatische Frühstücks-Suppe

Kalorien: 37,6 kcal | Eiweiß: 6,4 Gramm | Fett: 0,4 Gramm | Kohlenhydrate: 2,1 Gramm

Zutaten für eine Person:

150 ml Gemüsebrühe | 1/2 cm Ingwer | 5 cm Zitronengras | 1 Chili rot | 2 Garnelen geschält und geputzt | 20 Gramm Konjakreis | 1 EL Koriander grob gehackt | Sojasauce hell | Fischsauce | 5 Gramm Sojasprossen

Zubereitung:

1. Den Ingwer schälen und in dünne Scheiben schneiden.
2. Das Zitronengras in 1 cm große Stücke schneiden und beides mit der Brühe aufkochen.
3. Den Chili fein hacken und hinzugeben.
4. Den Konjakreis abspülen und in der Brühe für 3 Minuten kochen.
5. Die Garnelen in kleine Stücke schneiden und ebenfalls in der Suppe kochen.
6. Mit Sojasauce und Fischsauce abschmecken, eine weitere Minute kochen lassen, danach vom Herd nehmen, die Sojasprossen einrühren und servieren.
7. Großzügig mit Koriander bestreuen und genießen.

Notizen:
_____
_____
_____

Quark mit Chili und Ingwer

Kalorien: 104,6 kcal | Eiweiß: 14,5 Gramm | Fett: 2,6 Gramm | Kohlenhydrate: 5,8 Gramm

Zutaten für eine Person:

130 Gramm Quark 10% Fett | 1 Chili rot | 1 Messerspitze Ingwer gerieben | etwas Abrieb einer Bio Limette | 1/2 TL Kerbel gehackt | 1 Prise Himalaya Salz

Zubereitung:

1. Den Quark mit den fein gehackten Chili glatt rühren und mit dem Ingwer und dem Abrieb der Limette verrühren.
2. Mit Himalaya Salz abschmecken und mit Kerbel bestreuen.
3. Der pikante Quark ist eine tolle Alternative für alle, die nicht gerne süß frühstücken.
4. Wer den Quark schön scharf mag, sollte diesen am besten über Nacht oder für mindestens 30 Minuten durchziehen lassen.

Notizen:

_____

_____

_____

Käse Röllchen mit Schinken

Kalorien: 316 kcal | Eiweiß: 29,5 Gramm | Fett: 21,6 Gramm | Kohlenhydrate: 0,9 Gramm

Zutaten für eine Person:

4 dünne Scheiben Schnittkäse (Gouda, Emmentaler oder Tilsiter) | 1 EL Frischkäse | 1/2 TL Petersilie gehackt | 1 EL Milch | 2 Scheiben Geflügel Schinken

Zubereitung:

1. Den Schinken sehr fein würfeln und mit dem Frischkäse, der Petersilie und der Milch gut verrühren.
2. Den Käse mit dieser Masse bestreichen und einrollen.
3. Die Röllchen kannst Du pur zum Frühstück oder als Snack genießen.
4. Du kannst die Röllchen auch in Ringe schneiden und einen kleinen grünen Salat damit verfeinern.
5. Dies ergibt ein tolles, leichtes Mittagessen - nicht nur für heiße Sommertage.
6. Den Salat am besten dezent mit etwas Apfelessig und Öl marinieren.

Notizen:

_____

_____

_____

Eiweiß Omelette mit Bacon

Kalorien: 86,5 kcal | Eiweiß: 10,5 Gramm | Fett: 4,5 Gramm | Kohlenhydrate: 1 Gramm

Zutaten für eine Person:

2 Eiklar | 20 ml Mineralwasser | 1 EL Bacon fein gewürfelt | 1/2 TL Petersilie gehackt | etwas Majoran frisch | Pfeffer aus der Mühle

Zubereitung:

1. Die Eiklar mit dem Sodawasser gut verquirlen.
2. Den Bacon in einer beschichteten Pfanne ohne Fett knusprig anrösten.
3. Das Ei darüber gießen und mit Petersilie, Majoran und Pfeffer aus der Mühle bestreuen.
4. Für je 2 Minuten auf jeder Seite braten.
5. Für dieses Omelette benötigst Du kein Salz, da der Bacon meist salzig genug ist.
6. Wenn Du das Omelette mit einem ganzen Ei zubereiten möchtest, verwendest Du statt 2 Eiklar ein ganzes Ei.

Notizen:

_____

_____

_____

Joghurt mit Nüssen

Kalorien: 217,2 kcal | Eiweiß: 6,7 Gramm | Fett: 18,2 Gramm | Kohlenhydrate: 4,9 Gramm

Zutaten für eine Person:

100 Gramm Türkischer Joghurt | 1 Spritzer Süßstoff oder Stevia | etwas Abrieb einer Bio Orange unbehandelt | 1 TL Walnüsse gehackt | 1 TL Mandeln gehackt | 1 TL Frischkäse | 1/2 Prise Himalaya Salz

Zubereitung:

1. Die gehackten Nüsse zusammen in einer beschichteten Pfanne ohne Fett dunkel anrösten und auskühlen lassen.
2. Den Joghurt mit dem Süßstoff/Stevia und dem Abrieb der Orange glattrühren und dezent mit etwas Himalaya Salz abschmecken.
3. Die Nüsse unterrühren.
4. Du kannst diesen Joghurt nach Lust und Laune zusätzlich mit Zimt, Nelkenpulver oder Ingwerpulver abschmecken.

Notizen:

_____
_____
_____

Rezepte für ketogene Mittagessen und Abendessen

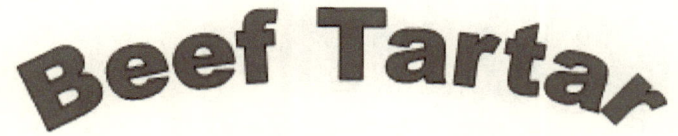

Beef Tartar

Kalorien: 225,1 kcal | Eiweiß: 24,3 Gramm | Fett: 13,9 Gramm | Kohlenhydrate: 0,7 Gramm

Zutaten für eine Person:

100 Gramm Filet vom Rind | 1 Schalotte | 1 Messerspitze Cayenne Pfeffer | 1 Messerspitze Senf scharf | 1 TL Kerbel gehackt | 1 Eigelb | 1 Prise Himalaya Salz | 1 Spritzer Zitronensaft

Zubereitung:

1. Das Fleisch in sehr kleine Würfel schneiden, dazu unbedingt ein sehr scharfes Messer verwenden.
2. Die Schalotte fein hacken und unter das Fleisch mischen.
3. Mit Cayenne Pfeffer, Senf, Kerbel, Himalaya Salz und Zitronensaft abschmecken.
4. Das Eigelb einrühren und gut gekühlt servieren.
5. Wer kein rohes Tartar essen möchte, kann es auch je eine Minute von beiden Seiten anbraten.
6. Wenn Dein Tagesumsatz es zulässt, kannst Du auch eine Scheibe Eiweißbrot zum Tartar genießen.

Notizen:

_____

_____

_____

Hühnersuppe mit Ei

Kalorien: 219 kcal | Eiweiß: 32,5 Gramm | Fett: 8,6 Gramm | Kohlenhydrate: 2,9 Gramm

Zutaten für eine Person:

250 ml Gemüsebrühe | 80 Gramm Innenfilet vom Huhn | 1/2 Stange Staudensellerie | 20 Gramm Blumenkohl | Salz und Pfeffer | 1 Lorbeer Blatt | 1 Ei | 1 EL Schnittlauch in Röllchen geschnitten

Zubereitung:

1. Die Brühe mit Salz, Pfeffer würzen und mit dem Lorbeerblatt zum Kochen bringen.
2. Das Fleisch in 1,5 cm große Würfel schneiden und in die heiße Suppe geben.
3. Bei mittlerer Hitze für etwa 9 Minuten köcheln.
4. Den Staudensellerie und den Blumenkohl in mundgerechte Stücke schneiden und für 3 Minuten mitkochen.
5. Kurz vor Ende das Ei in die kochende Suppe einschlagen und mit dem Schneebesen durchrühren.
6. Anrichten und großzügig mit Schnittlauch bestreuen.

Notizen:

_____

_____

_____

Hack-Bällchen in indischer Sauce

Kalorien: 390,9 kcal | Eiweiß: 34,2 Gramm | Fett: 26,9 Gramm | Kohlenhydrate: 3 Gramm

Zutaten für eine Person:

Für die Hack-Bällchen:

140 Gramm Rinderhack mager | 1 EL Koriander gehackt | etwas Abrieb einer Bio Limette | Salz und Pfeffer | 1 Eigelb

Für die Sauce:

1/2 rote Zwiebel | 1 Knoblauchzehe | 1 TL Butter | 1/2 TL gelbes, indisches Curry-Pulver | Saft einer halben Bio Limette | 80 ml Brühe | 1 Prise Kardamom gemahlen | 1 kleine Prise Zimt | 2 EL Joghurt | etwas Sojasauce hell ohne Zuckerzusatz | Austernsauce ohne Zuckerzusatz

Zubereitung:

1. Das Rinderhack mit dem gehackten Koriander, Abrieb der Limette, Eigelb, Salz und Pfeffer gut verkneten.
2. Mit nassen Händen zu Bällchen formen und auf ein mit Backpapier ausgelegtes Backblech legen.
3. Den Backofen auf 200° Celsius aufheizen und die Bällchen für 10 Minuten bei Ober,- und Unterhitze backen.

4. Du kannst diese auch bequem in Airfryer zubereiten.
5. Für die Sauce die Zwiebel und den Knoblauch fein hacken und in der Butter hell anschwitzen.
6. Das Currypulver einrühren und kurz mitrösten. Mit dem Limettensaft ablöschen und mit der Brühe aufgießen.
7. Die Flüssigkeit leicht einreduzieren lassen und von der Hitze nehmen.
8. Joghurt mit dem Schneebesen einrühren und mit Kardamom und Zimt würzen.
9. Mit Sojasauce und Austernsauce abschmecken, die Bällchen kurz in der Sauce ziehen lassen, und servieren.

Notizen:

_____

_____

_____

_____

_____

Pochierter Fisch in Dillsauce

Kalorien: 205,1 kcal | Eiweiß: 28,4 Gramm | Fett: 9,1 Gramm | Kohlenhydrate: 2,4 Gramm

Zutaten für eine Person:

300 ml Brühe | 2 Lorbeer Blätter | 1/2 TL Senfkörner | 2 Zweige Thymian | 150 Gramm Alaska Seelachs | 1 Schalotte | 1/2 TL Butter | Saft einer halben Zitrone | 1 TL Dill gehackt | 20 ml Sahne | Salz und Pfeffer

Zubereitung:

1. Die Brühe mit den Lorbeerblättern, den Senfkörnern, Thymian und Salz und Pfeffer aufkochen.
2. Das Fischfilet in zwei gleichgroße Stücke schneiden und die Brühe auf 70° Celsius abkühlen.
3. Den Fisch darin für etwa 12 Minuten pochieren.
4. In der Zwischenzeit die Schalotte klein schneiden und in der Butter leicht anschwitzen.
5. Mit dem Saft der Zitrone ablöschen, den Dill einrühren und mit einem Schöpfer des Pochier-Wassers aufgießen.
6. Mit der Sahne verfeinern, mit Salz und Pfeffer abschmecken, kurz einreduzieren lassen und die Sauce zusammen mit dem Alaska Seelachs anrichten.

Notizen:

_____

_____

_____

Puten-Steak mit Blauschimmel Käse

Kalorien: 215,9 kcal | Eiweiß: 36,7 Gramm | Fett: 6,7 Gramm | Kohlenhydrate: 2,2 Gramm

Zutaten für eine Person:

150 Gramm Puten-Steak | Salz und Pfeffer | 1 TL Blauschimmel Käse (Gorgonzola oder Bavaria Blue) | 1 TL Frischkäse | 1 Messerspitze Senf scharf | 1/2 TL Petersilie gehackt

Zubereitung:

1. Das Fleisch auf beiden Seiten salzen und pfeffern.
2. In einer Grillpfanne ohne Fett für 90 Sekunden auf jeder Seite scharf anbraten.
3. Aus der Pfanne nehmen und auf den Grillrost legen.
4. Den Blauschimmel Käse mit dem Frischkäse glattrühren und mit Senf und Petersilie verrühren.
5. Auf dem Fleisch verteilen und den Backofen auf 180° Celsius aufheizen.
6. Das Putensteak bei Ober,- und Unterhitze für 8 Minuten überbacken, aus dem Ofen nehmen und schlemmen.
7. Wer einen höheren Fettanteil benötigt, brät das Fleisch in Butter oder Olivenöl an.

Notizen:

_____

_____

_____

Carpaccio mit Mozzarella

Kalorien: 494,6 kcal | Eiweiß: 38,9 Gramm | Fett: 34,9 Gramm | Kohlenhydrate: 2,5 Gramm

Zutaten für eine Person:

100 Gramm Filet vom Rind | 80 Gramm Mozzarella | 1 EL Olivenöl | 1 EL Balsamico Essig | etwas Abrieb einer unbehandelten Bio Limette | 10 Gramm Rucola Salat | 1 EL Pinienkerne gehackt und geröstet | Salz und Pfeffer

Zubereitung:

1. Das Fleisch zwischen zwei Frischhaltebeutel legen und mit einem Plattierer hauchdünn klopfen.
2. Auf einen Teller legen und den Mozzarella zerrupfen und darüber verteilen.
3. Mit Rucola bedecken und mit dem Limetten-Abrieb bestreuen.
4. Mit Essig und Öl marinieren, salzen und pfeffern und großzügig mit den Pinienkernen bestreuen.

Notizen:

_____

_____

_____

Gebratener Sesam-Fisch

Kalorien: 421,8 kcal | Eiweiß: 38,5 Gramm | Fett: 26,6 Gramm | Kohlenhydrate: 4,1 Gramm

Zutaten für eine Person:

150 Gramm Zanderfilet ohne Haut | Salz und Pfeffer | 1 Knoblauchzehe | etwas Zitronensaft | 15 Gramm Sesam weiß | 15 Gramm Sesam schwarz | 1 EL Sesam Öl

Zubereitung:

1. Den Knoblauch sehr fein hacken, das Fischfilet salzen und pfeffern und mit dem Knoblauch einreiben.
2. Mit dem Zitronensaft beträufeln.
3. Die Sesamsamen vermengen und den Fisch darin wälzen.
4. Den Sesam gut andrücken.
5. Den Fisch in heißem Sesam Öl für 90 Sekunden auf jeder Seite braten, aus der Pfanne nehmen und genießen.

Notizen:

_____

_____

_____

Konjaknudeln a la Bolognese

Kalorien: 297,7 kcal | Eiweiß: 19,4 Gramm | Fett: 19,7 Gramm | Kohlenhydrate: 4,2 Gramm

Zutaten für eine Person:

60 Gramm Konjak Nudeln | 60 Gramm Rinderhack mager | 1 EL Olivenöl | 80 Gramm Pizza-Tomaten aus der Dose ohne Zuckerzusatz | Salz und Pfeffer | 1/2 TL Oregano getrocknet | Basilikum frisch | 1 Prise Kümmel gemahlen | 1 Spritzer Süßstoff oder Stevia | 1 EL Parmesan

Zubereitung:

1. Das Fleisch hinzugeben und im Olivenöl braten.
2. Mit den Pizzatomaten aufgießen und mit Salz, Pfeffer und Oregano würzen.
3. Mit Kümmel und Süßstoff oder Stevia abschmecken und für 15 Minuten köcheln lassen.
4. Die Konjak Nudeln laut Packungs-Anweisung abspülen und zubereiten, mit der Sauce vermengen und anrichten.
5. Vor dem Genießen mit frischem Basilikum garnieren. Wer möchte kann die Nudeln mit einem Teelöffel frisch geriebenem Parmesan verfeinern.

Notizen:
_____
_____
_____

Gefüllter Tintenfisch

Kalorien: 189,6 kcal | Eiweiß: 21,2 Gramm | Fett: 10,8 Gramm | Kohlenhydrate: 1,9 Gramm

Zutaten für eine Person:

120 Gramm Tintenfisch | Salz und Pfeffer | 1 EL Frischkäse | 1 Eigelb | 1 EL Petersilie gehackt | 1 Chili rot gehackt | 1/2 TL Dill gehackt | 1/4 Paprika rot fein gewürfelt

Zubereitung:

1. Den Tintenfisch waschen und außen und innen salzen und pfeffern.
2. Den Frischkäse mit dem Eigelb glattrühren und mit der gehackten Petersilie, dem Chili, dem Dill und den Paprikawürfeln vermengen.
3. Den Tintenfisch damit füllen und auf ein mit Backpapier ausgelegtes Backblech legen.
4. Den Backofen auf 190° Celsius aufheizen und den Tintenfisch bei Ober,- und Unterhitze für 8 Minuten backen.
5. Du kannst den Tintenfisch auch bequem im Garkorb des Airfryers zubereiten.
6. Nach Bedarf kannst Du den Tintenfisch mit etwas frischem Zitronensaft beträufeln.

Notizen:

_____

_____

_____

Gebratene Hühner-Herzen mit Knoblauch

Kalorien: 255,2 kcal | Eiweiß: 28,8 Gramm | Fett: 14,8 Gramm | Kohlenhydrate: 1,7 Gramm

Zutaten für eine Person:

130 Gramm Hühner-Herzen | 1 Schalotte | 2 Knoblauchzehen | 1 EL Butter | 50 ml Brühe | etwas Thymian | Salz und Pfeffer

Zubereitung:

1. Schalotte und Knoblauch fein hacken und die Hühner-Herzen halbieren.
2. Diese zusammen mit Schalotte und Knoblauch in der Butter für 4 Minuten gut anbraten.
3. Mit der Brühe aufgießen und für 3 Minuten bei mittlerer Hitze dünsten lassen.
4. Mit Thymian abschmecken und nach Bedarf mit Salz und Pfeffer würzen.
5. Wer möchte kann dieses Gericht zusätzlich mit einem Teelöffel saurer Sahne verfeinern um den Fettanteil zu steigern.

Notizen:

_____

_____

_____

Thailändische Tom Yam Gung Suppe mit Garnelen

Kalorien: 71 kcal | Eiweiß: 13,1 Gramm | Fett: 1 Gramm | Kohlenhydrate: 2,4 Gramm

Zutaten für eine Person:

1/2 TL Currypaste rot | 200 ml Gemüsebrühe | 2 Limettenblätter | 1/2 cm Ingwer | 4 Garnelen ohne Schale und geputzt | 2 Kirschtomaten | 2 Champignons | Sojasauce hell ohne Zuckerzusatz | Fischsauce ohne Zuckerzusatz | 1 Spritzer Süßstoff/Stevia

Zubereitung:

1. Die Currypaste im Wok ohne Öl für etwa 3 Minuten anrösten und mit der Gemüsebrühe aufgießen.
2. Mit dem Schneebesen gut durchrühren, bis sich die Paste vollständig aufgelöst hat.
3. Die Limettenblätter und den Ingwer hinzugeben und kurz mitkochen.
4. Die Garnelen vierteln und in die Suppe geben. Für 4 Minuten kochen.
5. Die Tomaten und die Champignons halbieren und ebenfalls in die Suppe geben.
6. Für weitere 3 Minuten kochen lassen.
7. Mit Sojasauce, Fischsauce und Süßstoff/Stevia abschmecken. Nach Bedarf kannst Du die Suppe mit frischem, gehacktem Koriander bestreuen.

Notizen:

_____

_____

_____

Lachs Tartar

Kalorien: 163,6 kcal | Eiweiß: 26,9 Gramm | Fett: 5,6 Gramm | Kohlenhydrate: 1,4 Gramm

Zutaten für eine Person:

130 Gramm Lachsfilet ohne Haut | Salz und Pfeffer | etwas Zitronensaft | 1 Messerspitze Ingwer frisch gerieben | 1/2 TL Estragon gehackt | 1 EL saure Sahne | 1 Messerspitze Wasabi | 1 EL Wasser | 1 EL Apfelessig | 10 Gramm Baby-Blattspinat

Zubereitung:

1. Den Lachs mit einem scharfen Messer sehr fein würfeln.
2. Mit Salz, Pfeffer, Zitronensaft, Ingwer und Estragon vermengen und als Tartar auf einem Teller anrichten. Den Spinat auf dem Tartar verteilen.
3. Aus der sauren Sahne, dem Wasabi, dem Wasser und dem Apfelessig ein Dressing rühren und dezent mit Salz und Pfeffer abschmecken.
4. Über dem Blattspinat verteilen, servieren und genießen.
5. Wer das Tartar nicht roh essen möchte kann unter den Lachs ein Eiklar mischen und dieses für je 2 Minuten auf jeder Seite in einer beschichteten Pfanne ohne Öl braten.
6. Wer den Fettanteil erhöhen möchte kann hier Olivenöl zum Braten verwenden.

Notizen:
_____
_____
_____

Gulasch nach Keto Art

Kalorien: 358,7 kcal | Eiweiß: 35,9 Gramm | Fett: 20,8 Gramm | Kohlenhydrate: 4,3 Gramm

Zutaten für eine Person:

160 Gramm Rindfilet | 1/2 Zwiebel | 2 Knoblauchzehen | 1 EL Pflanzenöl | 1/2 TL Tomatenmark ohne Zuckerzusatz | 1/2 TL Paprikapulver geräuchert mild | 1 Messerspitze Paprikapulver scharf | 2 EL Apfelessig | 200 ml Gemüsebrühe | etwas Majoran getrocknet | 1 Prise Kümmel gemahlen | 1 Messerspitze Ingwer fein gerieben | Salz und Pfeffer | 20 ml Sahne

Zubereitung:

1. Das Rind in 2 cm große Würfel schneiden, Zwiebel und Knoblauch grob hacken und alles zusammen im Pflanzenöl für etwa 5 Minuten goldbraun anbraten.
2. Das Tomatenmark hinzufügen und kurz mitrösten.
3. Das Paprikapulver mild und scharf ebenfalls für eine weitere Minute mitrösten.
4. Mit dem Apfelessig ablöschen und mit der Brühe aufgießen.

5. Majoran, Kümmel und Ingwer hinzufügen und das Gulasch für etwa 20 Minuten bei mittlerer Hitze köcheln lassen.
6. Die Sahne einrühren und mit Salz und Pfeffer abschmecken.

Notizen:

_____

_____

_____

_____

_____

Reh-Medaillons mit Pilzen

Kalorien: 277,5 kcal | Eiweiß: 29,1 Gramm | Fett: 16,7 Gramm | Kohlenhydrate: 2,7 Gramm

Zutaten für eine Person:

150 Gramm Rehrücken | Salz und Pfeffer | 1 Zweig Thymian | 1 Knoblauchzehe mit Schale | 1 EL Butter | 1 Schalotte | 1 EL Speck gewürfelt | 20 Gramm Steinpilze | 20 Gramm Pfifferlinge | 1 EL Apfelessig | 50 ml Brühe oder Fond | 1 EL saure Sahne | 1 EL Petersilie gehackt

Zubereitung:

1. Den Rehrücken in drei gleichgroße Medaillons teilen und auf beiden Seiten salzen und pfeffern.
2. Zusammen mit dem Thymian und dem Knoblauch in der Butter rundherum für etwa 3 Minuten anbraten.
3. Das Fleisch aus der Pfanne nehmen und auf einen Grillrost legen.
4. Mit dem Thymian und dem Knoblauch bedecken und bei 100° Celsius für 10 Minuten bei Ober,- und Unterhitze fertig garen.
5. So erhältst Du die Garstufe rosa.
6. In der Zwischenzeit die Schalotte klein schneiden und zusammen mit dem Speck in der eben erst verwendeten Pfanne goldbraun braten.

7. Die Pilze klein schneiden und hinzufügen. Für etwa 2 Minuten mitbraten und mit dem Apfelessig ablöschen.
8. Mit der Brühe aufgießen und für etwa 3 Minuten köcheln lassen.
9. Mit Salz und Pfeffer abschmecken und mit der sauren Sahne verfeinern.
10. Das Fleisch zusammen mit der Pilz-Sauce servieren.

Notizen:

_____

_____

_____

_____

_____

Rezepte für ketogene Snacks

Kleiner Eier-Salat

Kalorien: 174,2 kcal | Eiweiß: 13,7 Gramm | Fett: 12,2 Gramm | Kohlenhydrate: 2,4 Gramm

Zutaten für eine Person:

2 hart gekochte Eier | 1 EL Creme Fraiche | 1/4 Stange Staudensellerie | 10 Gramm Salatgurke | 1/2 TL Senf scharf | Salz und Pfeffer | 1 EL Apfelessig | 1 Frühlingszwiebel

Zubereitung:

1. Den Staudensellerie und die Gurke klein schneiden, das Ei grob hacken und vorsichtig miteinander vermengen.
2. Aus der Creme Fraiche, dem Senf, Salz, Pfeffer und Apfelessig ein cremiges Dressing rühren und den Salat damit marinieren.
3. Anrichten und großzügig mit der fein geschnittenen Frühlingszwiebel bestreuen.

Notizen:

_____

_____

_____

Staudensellerie mit Dip

Kalorien: 40,9 kcal | Eiweiß: 4,6 Gramm | Fett: 0,5 Gramm | Kohlenhydrate: 4,5 Gramm

Zutaten für eine Person:

2 Stangen Staudensellerie | 1 EL Frischkäse | 1 EL Quark | 1 Spritzer Zitronensaft | 1 Knoblauchzehe | 1 TL Petersilie grob gehackt | Salz und Pfeffer

Zubereitung:

1. Den Staudensellerie schälen und in 5 cm lange Stücke schneiden.
2. Den Frischkäse mit dem Quark glattrühren und mit Zitronensaft und dem fein gehackten Knoblauch verrühren.
3. Mit Salz und Pfeffer würzen und die Petersilie einrühren.
4. Den Dip gemeinsam mit dem Staudensellerie genießen.
5. Wenn Du einen höheren Fettanteil benötigst, einfach 2 EL geschlagene Sahne unter den Quark heben.

Notizen:

_____

_____

_____

Eiweiß Booster-Joghurt

Kalorien: 231,1 kcal | Eiweiß: 7 Gramm | Fett: 20,1 Gramm | Kohlenhydrate: 4,3 Gramm

Zutaten für eine Person:

100 Gramm Türkischer Joghurt | 1 Eiklar | Saft einer Zitrone | 1/2 cm Ingwer frisch | Süßstoff oder Stevia nach Bedarf | 1 EL Kokosöl

Zubereitung:

1. Den Ingwer fein raspeln und zusammen mit dem Joghurt, Kokosöl und dem Zitronensaft glatt rühren.
2. Das Eiklar zu einem steifen Schnee schlagen und vorsichtig unterheben.
3. Nach Bedarf mit Süßstoff oder Stevia abschmecken und genießen.
4. Dieser Eiweiß-Booster eignet sich auch hervorragend als kleiner Mitternachtssnack, da er den Stoffwechsel im Schlaf hervorragend anregt.

Notizen:

_____

_____

_____

Schneller Eierstich

Kalorien: 111,7 kcal | Eiweiß: 9,9 Gramm | Fett: 7,3 Gramm | Kohlenhydrate: 1,6 Gramm

Zutaten für eine Person:

1 Ei | 30 ml Milch | Salz und Pfeffer | 1 Prise Muskat gerieben | 1/2 TL Petersilie gehackt | 1 EL Gouda gerieben

Zubereitung:

1. Das Ei mit der Milch verquirlen, mit Salz, Pfeffer und Muskat würzen und mit der Petersilie aromatisieren.
2. In ein kleines Auflaufförmchen füllen und mit dem Gouda bestreuen.
3. Im Ofen bei 170° Celsius und Umluft für 10 Minuten stocken lassen.

Notizen:

_____

_____

_____

Knusprige Keto Parmesan Chips

Kalorien: 250,2 kcal | Eiweiß: 22,2 Gramm | Fett: 17,4 Gramm | Kohlenhydrate: 1,2 Gramm

Zutaten für eine Person:

60 Gramm Parmesan fein gerieben | 1 TL Rosmarin fein gehackt | 1 Messerspitze Paprikapulver

Zubereitung:

1. Den Parmesan mit dem Rosmarin und dem Paprikapulver gut vermengen.
2. Ein Backblech mit Backpapier auslegen und mit dem Löffel kleine Käsehaufen daraufsetzen.
3. Auf genügend Abstand achten.
4. Den Backofen auf 200° Celsius aufheizen und die Chips bei Ober,- und Unterhitze für 4 Minuten backen.
5. Aus dem Ofen nehmen, auskühlen lassen und als tolle Alternative zu Kartoffel-Chips und Co. als Snack verwenden.

Notizen:

_____

_____

_____

Ofen-Käse

Kalorien: 361,7 kcal | Eiweiß: 25,8 Gramm | Fett: 27,8 Gramm | Kohlenhydrate: 2,3 Gramm

Zutaten für eine Person:

1 Camembert 125 Gramm | 1/2 Paprika grün | 1 EL Schnittlauch in Röllchen

Zubereitung:

1. Den Camembert an der Oberfläche mit einem Kreuz einschneiden.
2. Auf ein mit Backpapier ausgelegtes Blech legen und den Backofen auf 180° Celsius vorheizen.
3. Den Käse bei Umluft für etwa 8 Minuten zum Schmelzen bringen.
4. Aus dem Ofen nehmen, mit Schnittlauch bestreuen, den Paprika in Streifen schneiden und zum Dippen verwenden.

Notizen:

_____

_____

_____

Keto Chips aus aromatischem Kohl

Kalorien: 13,4 kcal | Eiweiß: 1,3 Gramm | Fett: 0,2 Gramm | Kohlenhydrate: 1,6 Gramm

Zutaten für eine Person:

60 Gramm Spitzkohl | Salz und Pfeffer | etwas Paprikapulver

Zubereitung:

1. Ein Backblech mit Backpapier auslegen und die einzelnen Kohlblätter darauf verteilen.
2. Mit Salz, Pfeffer und Paprika würzen und den Backofen auf 160° Celsius aufheizen.
3. Den Kohl für 20 Minuten bei Ober,- und Unterhitze zu Chips trocknen lassen.
4. Um den Fettanteil zu erhöhen die Chips nach dem trocknen leicht mit Olivenöl einsprühen.

Notizen:

_____
_____
_____
_____

Italienische Caprese Salat

Kalorien: 177,5 kcal | Eiweiß: 14,1 Gramm | Fett: 11,9 Gramm | Kohlenhydrate: 3,5 Gramm

Zutaten für eine Person:

1/2 Kugel Mozzarella | 1 kleine Tomate | 1 EL Balsamico Essig | 1 EL Olivenöl extra vergine | 6 Blatt Basilikum | 1/2 Zwiebel rot | 1 Prise Meersalz | bunter Pfeffer aus der Mühle

Zubereitung:

1. Den Mozzarella in mundgerechte Stücke rupfen, die Tomate würfeln und zusammen mit Essig und Öl marinieren.
2. Den Basilikum grob hacken und die Zwiebel in Streifen schneiden.
3. Ebenfalls unterheben, anrichten und mit Meersalz und buntem, frisch gemahlenem Pfeffer bestreuen.

Notizen:

_____

_____

_____

Indisches Gewürz-Joghurt

Kalorien: 217,5 kcal | Eiweiß: 9,1 Gramm | Fett: 17,3 Gramm | Kohlenhydrate: 4,8 Gramm

Zutaten für eine Person:

100 Gramm Türkischer Joghurt | 1 EL Frischkäse | 1 Spritzer Limettensaft | 1 Prise Zimt | 1 Prise Kurkuma | 1 Prise Kardamom gemahlen | 1 Prise Nelkenpulver | 1 Prise Ingwerpulver | 1 Prise Cayenne Pfeffer | Süßstoff oder Stevia nach Bedarf

Zubereitung:

1. Den Limettensaft mit dem Joghurt glatt rühren und sämtliche Gewürze/Frischkäse mit dem Schneebesen gut einrühren.
2. Die Gewürze für einige Minuten ziehen lassen, nach Bedarf mit Süßstoff süßen und genießen.

Notizen:

_____

_____

_____

Süßer Hüttenkäse

Kalorien: 104 kcal | Eiweiß: 12,7 Gramm | Fett: 4,4 Gramm | Kohlenhydrate: 3,4 Gramm

Zutaten für eine Person:

100 Gramm Hüttenkäse körnig | 1 Spritzer Süßstoff | 1 Messerspitze doppelt entöltes Kakao-Pulver | 1 Prise Zimt | 2 EL kalter Kaffee

Zubereitung:

1. Den Hüttenkäse mit dem kalten Kaffee und dem Süßstoff verrühren und mit Kakao und Zimt würzen.
2. Kurz durchziehen lassen und genießen.
3. Den Hüttenkäse kannst Du natürlich auch pikant mit Cayenne Pfeffer, einer Prise Salz und frischen Kräutern löffeln.

Notizen:

_____

_____

_____

_____

Rezepte für ketogene Drinks

Gurken & Ingwer Smoothie mit Koriander & Limette

Kalorien: 14,1 kcal | Eiweiß: 0,4 Gramm | Fett: 0,1 Gramm | Kohlenhydrate: 2,9 Gramm

Zutaten für eine Person:

1/4 Salatgurke | 1/2 cm Ingwer frisch | 1/2 Bund Koriander | Saft einer halben Limette | 150 ml kalten Tee nach Wahl - optimal sind Kräutertees oder grüner Tee | Süßstoff nach Bedarf

Zubereitung:

1. Alle Zutaten in den Standmixer oder Smoothie Maker geben und zu einem cremigen Drink verarbeiten.
2. Nach Bedarf süßen und genießen.
3. An heißen Tagen kannst Du den Drink natürlich mit einigen Eiswürfeln servieren, die Du nach Wunsch ebenfalls in den Mixer geben kannst.

Notizen:

_____

_____

_____

Grüner Tee mit Vanille

Kalorien: 33 kcal | Eiweiß: 2,2 Gramm | Fett: 1,8 Gramm | Kohlenhydrate: 2 Gramm

Zutaten für eine Person:

150 ml grüner Tee | 1 Messerspitze Vanillemark oder einige Tropfen Vanille Aroma | 1 Spritzer Süßstoff | 50 Gramm Joghurt

Zubereitung:

1. Alle Zutaten im Mixer oder mit dem Schneebesen verrühren.
2. Heiß oder kalt genießen.

Notizen:

_____

_____

_____

Keto Schokoladen Shake

Kalorien: 196 kcal | Eiweiß: 10,2 Gramm | Fett: 14,7 Gramm | Kohlenhydrate: 3,9 Gramm

Zutaten für eine Person:

100 ml Sojamilch ohne Zucker | 1 EL Frischkäse | 20 Gramm Whey Pulver mit Schoko-Geschmack | 1/2 TL doppelt entölter Kakao | etwas Süßstoff oder Stevia | 1 Prise Himalaya Salz | 1 TL Kokosöl

Zubereitung:

1. Alle Zutaten in den Mixer oder Smoothie Maker geben und gut verrühren.
2. Du kannst den Keto Schokoladen Shake auch heiß zubereiten.
3. Um den Bullet Proof Kakao zu kochen fügst Du einen Löffel Butter hinzu.
4. Auch ein Löffel Butter in Deinem täglichen Kaffee unterstützt Dich bei der ketogenen Diät.

Notizen:

_____

_____

_____

Keto Cocktail a la Cuba Libre

Kalorien: 2,6 kcal | Eiweiß: 0,2 Gramm | Fett: 0,2 Gramm | Kohlenhydrate: 0 Gramm

Zutaten für eine Person:

150 ml Cola light | etwas Rum Aroma | 1/2 Limette | 1 Glas mit Eiswürfel

Zubereitung:

1. Die Limette in dünne Scheiben schneiden und unter die Eiswürfel mengen.
2. Die Diät Cola auffüllen und mit Rum Aroma beträufeln.
3. Mit einem Strohhalm servieren - so überstehst Du jede Party, ohne auf deine Keto Ernährung zu verzichten.

Notizen:
_____
_____
_____
_____

Virgin Colada Keto Style

Kalorien: 217,8 kcal | Eiweiß: 0,2 Gramm | Fett: 21,1 Gramm | Kohlenhydrate: 5 Gramm

Zutaten für eine Person:

100 ml Kokosmilch | 4 Tropfen Ananas Aroma | Saft einer Limette | 1/2 Glas Eiswürfel | 1 EL Kokosöl | Süßstoff oder Stevia nach Bedarf

Zubereitung:

1. Die Kokosmilch mit der Ananas und dem Limettensaft in den Mixer oder Smoothie Maker geben und anschließend über die Eiswürfel gießen.
2. Dieser alkoholfreie Cocktail ist sicher bald der absolute Star auf jeder Gartenparty.

Notizen:

_____

_____

_____

_____

Matcha Smoothie

Kalorien: 10 kcal | Eiweiß: 1,3 Gramm | Fett: 0,4 Gramm | Kohlenhydrate: 0,3 Gramm

Zutaten für eine Person:

200 ml grüner Tee | 1 TL Matcha Pulver | 1 EL Hüttenkäse | 1 Spritzer Süßstoff oder Stevia | 1 kleine Prise Meersalz

Zubereitung:

1. Alle Zutaten im Mixer oder Smoothie Maker zu einem cremigen Shake verarbeiten.
2. Matcha ist nicht nur gut für das Immunsystem, der spezielle grüne Tee ist reich an Vitaminen und Mineralstoffen und kurbelt den Stoffwechsel so richtig an.

Notizen:

_____

_____

_____

_____

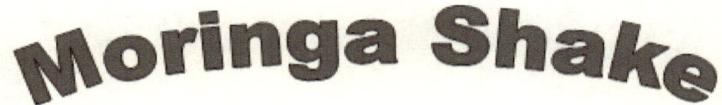

Moringa Shake

Kalorien: 36,5 kcal | Eiweiß: 0,8 Gramm | Fett: 1,7 Gramm | Kohlenhydrate: 4,5 Gramm

Zutaten für eine Person:

150 ml Mandelmilch | 15 Gramm Moringablätter frisch oder Pulver | 1 Prise Kardamom gemahlen | 1 kleine Prise Himalaya Salz | Süßstoff nach Bedarf

Zubereitung:

1. Alle Zutaten im Mixer oder Smoothie Maker zu einem cremigen Shake verrühren.
2. Nach Bedarf süßen und genießen.
3. Moringa gilt als absolutes Super Food und ist als Fänger der freien Radikalen als wahrer Jungbrunnen bekannt.

Notizen:

_____

_____

_____

_____

Detox Wasser

Kalorien: 0 kcal | Eiweiß: 0 Gramm | Fett: 0 Gramm | Kohlenhydrate: 0 Gramm

Zutaten für eine Person:

1 Liter Wasser | 5 cm Ingwer frisch | 1 Chili rot | 2 Limetten in Scheiben geschnitten

Zubereitung:

1. Den Ingwer und den Chili klein schneiden und zusammen mit den Limetten-Scheiben in einen Krug mit Wasser geben.
2. Du kannst den Krug immer wieder mit Wasser auffüllen und das Detox Wasser den ganzen Tag über trinken.
3. Um den Darm zu reinigen kannst Du morgens oder abends ein Glas Wasser mit einem Löffel Glaubersalz verrühren.

Notizen:

_____

_____

_____

_____

Rezepte für ketogene Desserts

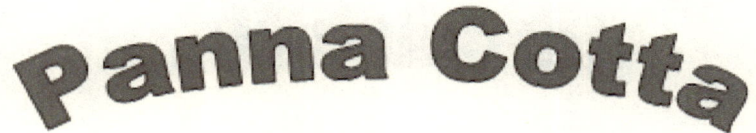

Panna Cotta

Kalorien: 381,1 kcal | Eiweiß: 6,4 Gramm | Fett: 36,1 Gramm | Kohlenhydrate: 5 Gramm

Zutaten für eine Person:

120 ml Sahne | 2 Blatt Gelatine | Mark einer halben Vanilleschote | Süßstoff oder Stevia nach Bedarf

Zubereitung:

1. Die Sahne mit der Vanille einmal aufkochen lassen und nach Bedarf süßen.
2. Etwas abkühlen lassen.
3. Die Gelatine in Wasser einweichen, ausdrücken und in der noch warmen Sahne zügig auflösen.
4. Mit dem Schneebesen gut durchrühren, damit keine Klumpen entstehen.
5. In eine Puddingform füllen und für etwa 6 Stunden kaltstellen.

Notizen:

_____

_____

_____

Buttermilch Nockerl

Kalorien: 138,7 kcal | Eiweiß: 7,3 Gramm | Fett: 9,5 Gramm | Kohlenhydrate: 5 Gramm

Zutaten für eine Person:

100 ml Buttermilch | 2 Blatt Gelatine | 30 ml Sahne | Süßstoff oder Stevia nach Bedarf | 2 Tropfen Minz-Aroma

Zubereitung:

1. Die Buttermilch leicht erwärmen und nach Bedarf süßen.
2. Die Gelatine in Wasser einweichen, ausdrücken und in der warmen Buttermilch auflösen.
3. Mit dem Schneebesen gut durchrühren, damit keine Klumpen entstehen.
4. Die Sahne mit dem Minz-Aroma steif schlagen und unter die Buttermilch heben.
5. In eine Schüssel füllen und für etwa 4 Stunden kaltstellen.
6. Du kannst natürlich auch Vanille, Schokolade oder Rum-Aroma verwenden.

Notizen:

_____

_____

_____

Fruchtiger Beeren Trifle

Kalorien: 91,5 kcal | Eiweiß: 12,6 Gramm | Fett: 2,1 Gramm | Kohlenhydrate: 5 Gramm

Zutaten für eine Person:

15 Gramm Low Carb Fitness Riegel | 50 Gramm Quark mit 0,5% FiT | etwas Süßstoff nach Bedarf | Saft und Abrieb einer halben unbehandelten Bio Limette | 20 Gramm Himbeeren frisch oder TK

Zubereitung:

1. Den Low Carb Fitness Riegel in einem Gefrierbeutel zerbröseln und in ein Glas füllen.
2. Den Quark mit dem Süßstoff, dem Abrieb und dem Saft der Limette glattrühren und ebenfalls in das Glas schichten.
3. Mit den Himbeeren bedecken, kurz im Kühlschrank durchziehen lassen und genießen.

Notizen:
_____
_____
_____

Wackelpudding

Kalorien: 18,8 kcal | Eiweiß: 4,3 Gramm | Fett: 0 Gramm | Kohlenhydrate: 0,4 Gramm

Zutaten für eine Person:

100 ml Apfeltee | etwas Vanille Aroma | 1 Spritzer Limettensaft | 1 Spritzer Süßstoff oder Stevia | 3 Blatt Gelatine

Zubereitung:

1. Den Apfeltee mit dem Vanille Aroma, dem Limettensaft und dem Süßstoff kurz aufkochen und abkühlen lassen.
2. Die Gelatine in Wasser einweichen, gut ausdrücken und im noch warmen Tee auflösen.
3. Die Flüssigkeit in ein Schälchen füllen und für mindestens 3 Stunden im Kühlschrank fest werden lassen.

Notizen:

_____

_____

_____

Baiser

Kalorien: 14,4 kcal | Eiweiß: 3,3 Gramm | Fett: 0 Gramm | Kohlenhydrate: 0,3 Gramm

Zutaten für eine Person:

1 Eiklar | 20 ml Sodawasser | etwas Süßstoff oder Stevia | etwas Abrieb einer unbehandelten Bio Zitrone

Zubereitung:

1. Das Eiklar mit Sodawasser aufschlagen und zu einem steifen Schnee verarbeiten.
2. Anschließend den Süßstoff und den Zitronen Abrieb vorsichtig unterheben.
3. Auf ein mit Backpapier ausgelegtes Backblech kleine Nocken formen und den Backofen auf 130° Celsius aufheizen.
4. Den Baiser für 25 Minuten bei Ober,- und Unterhitze trocknen lassen.

Notizen:

_____

_____

_____

Schokoladen Omelette

Kalorien: 180,1 kcal | Eiweiß: 10,3 Gramm | Fett: 14,5 Gramm | Kohlenhydrate: 2,1 Gramm

Zutaten für eine Person:

1 Ei | 2 EL Milch | 1 EL Mandelmehl | 1 EL Quark | 1/2 TL doppelt entölter Kakao | etwas Süßstoff | 1/2 TL Butter

Zubereitung:

1. Das Ei mit der Milch verquirlen und das Mandelmehl einarbeiten.
2. In einer Pfanne in heißer Butter zu einem Omelette backen.
3. Den Quark mit dem Kakao und dem Süßstoff glattrühren und das Omelette damit füllen.
4. Nach Bedarf mit etwas Puderxylit bestreuen.
5. Du kannst das Omelette zusätzlich mit einem kleinen Klacks Sahne genießen.

Notizen:

_____

_____

_____

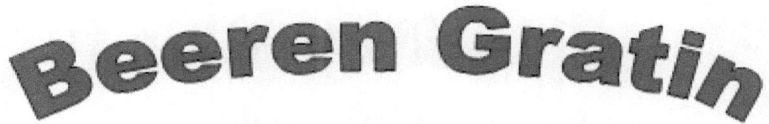

Beeren Gratin

Kalorien: 154,2 kcal | Eiweiß: 9,1 Gramm | Fett: 11,4 Gramm | Kohlenhydrate: 3,8 Gramm

Zutaten für eine Person:

1 Ei | 1 EL Mandeln gerieben | 50 Gramm Beerenmix frisch oder TK | Puderxylit oder Süßstoff/Stevia nach Bedarf

Zubereitung:

1. Das Ei trennen und das Eiklar zu einem steifen Schnee verarbeiten.
2. Das Eigelb mit den geriebenen Mandeln verrühren und mit etwas Süßstoff abschmecken.
3. Den Eischnee unterheben und die Beeren in eine Auflaufform füllen.
4. Die Beeren mit der Eimasse bedecken.
5. Den Backofen auf 190° Celsius vorheizen und das Gratin bei Ober,- und Unterhitze für 7 Minuten backen.
6. Nach Bedarf mit Puderxylit bestreuen.

Notizen:

_____
_____
_____

Unser 14-Tage Plan für Deine ketogene Diät

Dieser 14-Tage Plan besteht aus jeweils einem Vorschlag für ein Mittagessen und ein Abendessen. Du kannst die Mahlzeiten natürlich individuell tauschen, solltest jedoch immer Deinen Gesamtumsatz an Kohlenhydraten im Auge behalten.

1. Tag:

Frittata mit Blattspinat

Kalorien: 213,7 kcal | Eiweiß: 14,4 Gramm | Fett: 16,1 Gramm | Kohlenhydrate: 2,8 Gramm

Zutaten für eine Person:

1 Schalotte | 1 Knoblauchzehe | 1/2 TL Butter | 30 Gramm Blattspinat | 2 Eier | Salz und Pfeffer | 1 EL Ricotta

Zubereitung:

1. Die Schalotte und den Knoblauch klein schneiden und in der Butter glasig anschwitzen.
2. Den Blattspinat hinzufügen und in der Hitze leicht zusammenfallen lassen.
3. Das Gemüse in eine kleine Auflaufform geben.
4. Darauf den Ricotta verteilen.
5. Die Eier mit Salz und Pfeffer verquirlen und über den Blattspinat gießen.
6. Den Backofen auf 200° Celsius aufheizen und die Frittata für 10 Minuten bei Ober,- und Unterhitze backen.

Notizen:

_____

_____

_____

Puten-Schnitzel mit Spiegelei

Kalorien: 314,1 kcal | Eiweiß: 41,4 Gramm | Fett: 15,3 Gramm | Kohlenhydrate: 2,7 Gramm

Zutaten für eine Person:

150 Gramm Putenbrust | Salz und Pfeffer | 1 EL Butter | 1 Ei | 1 EL Schnittlauch in Röllchen | 2 kleine Gewürzgurken ohne Zuckerzusatz

Zubereitung:

1. Die Putenbrust dünn klopfen, salzen und pfeffern und in der Butter von beiden Seiten für je 2 Minuten goldbraun braten.
2. In derselben Pfanne neben dem Fleisch das Spiegelei braten.
3. Das Fleisch anrichten, das Spiegelei darauflegen, mit dem Schnittlauch bestreuen und mit den Gürkchen dekorieren.

Notizen:

2. Tag: Grillkäse mit Putenschinken

Kalorien: 347,6 kcal | Eiweiß: 23,5 Gramm | Fett: 26,8 Gramm | Kohlenhydrate: 3,1 Gramm

Zutaten für eine Person:

100 Gramm Halloumi Grillkäse | 2 Scheiben Puten-Schinken | 3 Cherry Tomaten | 1 Zweig Rosmarin | Salz und Pfeffer

Zubereitung:

1. Den Grillkäse in einer beschichteten Pfanne ohne Fett für 2 Minuten auf jeder Seite grillen.
2. Die Tomaten auf den Rosmarin Zweig spießen und ebenfalls in der Pfanne mitbraten.
3. Dezent mit Salz und Pfeffer würzen und den Käse zusammen mit dem Schinken und den Tomaten anrichten.
4. Du kannst den Schinken roh lassen, oder ihn ebenfalls kurz in der Pfanne anbraten.

Notizen:

_____

_____

_____

Gebratene Garnelen

Kalorien: 168,8 kcal | Eiweiß: 21,7 Gramm | Fett: 8,4 Gramm | Kohlenhydrate: 1,6 Gramm

Zutaten für eine Person:

140 Gramm Garnelen ohne Schale und geputzt | 2 Knoblauchzehen | 1 EL Butter | Saft und Abrieb einer halben unbehandelten Bio Zitrone | 2 EL Zucchini gewürfelt | Salz und Pfeffer | 1 EL Petersilie grob gehackt

Zubereitung:

1. Den Knoblauch blättrig schneiden und zusammen mit den Garnelen in der Butter für 3 Minuten abraten.
2. Mit dem Saft und Abrieb der Zitrone aromatisieren.
3. Die gewürfelte Zucchini hinzufügen, leicht salzen und pfeffern und für weitere 2 Minuten braten.
4. Vor dem Servieren großzügig mit Petersilie bestreuen.

Notizen:

_____

_____

_____

_____

3. Tag: Rührei mit Lachs

Kalorien: 183,4 kcal | Eiweiß: 21,5 Gramm | Fett: 10,2 Gramm | Kohlenhydrate: 1,4 Gramm

Zutaten für eine Person:

1 Schalotte | 1 TL Butter | 100 Gramm Lachsfilet ohne Haut | 2 Eier | 1 EL Frischkäse | 1 EL Kerbel gehackt | Salz und Pfeffer | 3 Tomatenscheiben zum Garnieren

Zubereitung:

1. Die Schalotte klein schneiden und in der Butter glasig anschwitzen.
2. Den Lachs in 1 cm große Würfel schneiden und mit in die Pfanne geben.
3. Die Eier mit dem Frischkäse verquirlen und mit Kerbel, Salz und Pfeffer würzen.
4. Über den Fisch gießen und bei mittlerer Hitze unter ständigem Rühren stocken lassen.
5. Anrichten und mit den Tomaten garnieren, nach Bedarf mit frischen Kräutern bestreuen.

Notizen:

_____

_____

_____

Steak mit Schmelz-Zwiebel

Kalorien: 249,2 kcal | Eiweiß: 29,6 Gramm | Fett: 12,8 Gramm | Kohlenhydrate: 3,9 Gramm

Zutaten für eine Person:

150 Gramm Filet vom Rind | Salz und Steakpfeffer | 1 rote Zwiebel | 1 EL Butter | 2 EL Apfelessig | 1 Spritzer Süßstoff | etwas Thymian

Zubereitung:

1. Das Rinderfilet mit Salz und Steakpfeffer würzen und in einer Grillpfanne von beiden Seiten für je 2 Minuten scharf anbraten.
2. Auf den Grillrost legen und bei 100° Celsius für 15 Minuten fertig garen.
3. Die Zwiebel in Streifen schneiden und in der Butter glasig anschwitzen.
4. Nach 4 Minuten mit dem Apfelessig ablöschen und mit Süßstoff abschmecken.
5. Mit Thymian aromatisieren und zusammen mit dem Steak servieren.

Notizen:

___

___

___

4. Tag:

Bacon & Eggs

Kalorien: 474,6 kcal | Eiweiß: 32 Gramm | Fett: 36,2 Gramm | Kohlenhydrate: 5,2 Gramm

Zutaten für eine Person:

4 Scheiben Bacon | 1 Prise Zimt | 1/2 TL Ahornsirup | 2 Eier | 1 Frühlingszwiebel

Zubereitung:

1. Den Bacon mit Zimt und Ahornsirup würzen in einer beschichteten Pfanne kurz von beiden Seiten knusprig braten.
2. Den Speck an den Rand der Pfanne schieben und im ausgebratenen Öl die Spiegeleier braten.
3. Diese zusammen mit dem knusprigen Speck anrichten und großzügig mit fein gehackter Frühlingszwiebel servieren.

Notizen:

_____

_____

_____

Steak vom Strauß mit Paprika-Sauce

Kalorien: 269,5 kcal | Eiweiß: 29,7 Gramm | Fett: 15,1 Gramm | Kohlenhydrate: 3,7 Gramm

Zutaten für eine Person:

150 Gramm Filet vom Strauß | 1 EL Olivenöl | Salz und Pfeffer | 1 Schalotte | 1 Messerspitze Tomatenmark ohne Zuckerzusatz | 1 Messerspitze Paprikapulver scharf | 1/4 Paprika gelb | 1/4 Paprika rot | 50 ml Gemüsebrühe | etwas Majoran getrocknet | 1 EL saure Sahne | Petersilie gehackt zum Bestreuen

Zubereitung:

1. Das Fleisch salzen und pfeffern und im Olivenöl für 2 Minuten auf jeder Seite anbraten.
2. Aus der Pfanne nehmen und im Ofen bei 80° Celsius warmhalten.
3. Die Schalotte klein schneiden und in derselben Pfanne kurz anrösten.
4. Das Tomatenmark und das Paprikapulver hinzugeben und kurz anrösten.
5. Die Paprika in dünne Streifen schneiden und ebenfalls in die Pfanne geben.
6. Kurz durchschwenken und mit der Brühe aufgießen.
7. Mit Majoran aromatisieren und das Fleisch in die Pfanne geben.

8. Bei mittlerer Hitze für 5 Minuten fertig garen lassen.
9. Mit Salz und Pfeffer abschmecken, anrichten und vor dem Genießen mit Petersilie und saurer Sahne garnieren.

Notizen:

_____

_____

_____

_____

_____

5. Tag:

Kalorien: 228,4 kcal | Eiweiß: 31 Gramm | Fett: 11,2 Gramm | Kohlenhydrate: 0,9 Gramm

Zutaten für eine Person:

1 Ei | 1 Liter kräftige Gemüsebrühe | 50 ml Essig | 1 EL Salz | 100 Gramm Roastbeef dünn geschnitten | 1 EL Hüttenkäse | 1 TL Schnittlauch in Röllchen | Salz und Pfeffer

Zubereitung:

1. Die Brühe mit dem Essig und dem Salz zum Kochen bringen und die Temperatur auf 70° Celsius reduzieren.
2. Darin vorsichtig das Ei pochieren.
3. Den Hüttenkäse mit dem Schnittlauch vermengen, dezent salzen und pfeffern und das angebratene Roastbeef zusammen mit dem pochierten Ei und dem Hüttenkäse anrichten.

Notizen:

_____

_____

_____

Scharfe Quark-Speise mit Kräutern

Kalorien: 136,8 kcal | Eiweiß: 29 Gramm | Fett: 0,8 Gramm | Kohlenhydrate: 3,4 Gramm

Zutaten für eine Person:

150 Gramm Quark | 1 Prise Himalaya Salz | 1 Messerspitze Cayenne Pfeffer | 1/4 Paprika gelb | 1 Tomate | 1 EL Sauerampfer gehackt | 1/2 TL Estragon gehackt | 1 TL Koriander gehackt

Zubereitung:

1. Paprika und Tomaten klein würfeln und mit den Kräutern vermengen.
2. Unter den Quark rühren und mit Himalaya Salz und Cayenne Pfeffer würzen.
3. Wenn es Dein täglicher Gesamtumsatz erlaubt kannst Du zu diesem Quark eine Scheibe Eiweißbrot essen.

Notizen:

_____

_____

_____

6. Tag: Gegrillte Hühnerbrust mit Frischkäse

Kalorien: 340,8 kcal| Eiweiß: 51,2 Gramm | Fett: 14,4 Gramm | Kohlenhydrate: 1,6 Gramm

Zutaten für eine Person:

150 Gramm Hühnerbrust | 1 Scheibe Geflügel-Schinken | 1 EL Frischkäse | 1 EL Pekan Nüsse gehackt | 1 TL Minze gehackt | Salz und Pfeffer

Zubereitung:

1. Die Hühnerbrust dünn klopfen, salzen und pfeffern und mit dem Schinken belegen.
2. Den Frischkäse mit den gehackten Nüssen und der Minze verrühren und den Schinken damit bestreichen.
3. Das Fleisch zusammenklappen und auf ein mit Backpapier ausgelegtes Blech legen.
4. Den Backofen auf 180° Celsius aufheizen und das Fleisch bei Ober,- und Unterhitze für 15 Minuten garen.
5. Das Huhn schmeckt ganz hervorragend mit einem kleinen Blattsalat, den Du mit Zitronensaft und etwas Joghurt marinieren kannst.

Notizen:

_____

_____

_____

Zitronen-Eiweiß Quark

Kalorien: 250,6 kcal | Eiweiß: 52,4 Gramm | Fett: 2,6 Gramm | Kohlenhydrate: 4,4 Gramm

Zutaten für eine Person:

200 Gramm Quark | 1/2 Zitrone filetiert | 20 Gramm Whey Protein | 1 Spritzer Süßstoff | 1 Prise Himalaya Salz | 1 EL Schokoladen-Minze gehackt

Zubereitung:

1. Den Quark mit dem Whey Protein glatt rühren.
2. Die Zitrone klein schneiden und zusammen mit der Minze unter den Quark rühren.
3. Mit Süßstoff und Steinsalz abschmecken und gut gekühlt genießen.

Notizen:

_____

_____

_____

_____

7. Tag:

Kalbs-Roulade mit Hüttenkäse

Kalorien: 233,4 kcal | Eiweiß: 30,7 Gramm | Fett: 11,8 Gramm | Kohlenhydrate: 1,1 Gramm

Zutaten für eine Person:

140 Gramm Kalbsschnitzel | 1 EL Hüttenkäse | Salz und Pfeffer | 2 Radieschen | 1/2 TL Salbei fein gehackt | 3 dünne Scheiben Schwarzwälder Schinken

Zubereitung:

1. Das Kalbsschnitzel dünn klopfen, salzen und pfeffern.
2. Die Radieschen fein raspeln und mit dem Hüttenkäse und dem Salbei glattrühren.
3. Das Fleisch damit bestreichen, zu einer Rolle formen und mit dem Schwarzwälder Schinken umwickeln.
4. In einer beschichteten Pfanne ohne Öl rundherum scharf anbraten.
5. Auf einen Grillrost legen und im 120° Celsius heißen Backofen für 10 Minuten fertig garen.
6. Du kannst natürlich auch Huhn oder Pute für dieses Gericht verwenden.

Notizen:
_____
_____
_____

Omelette mit Käse

Kalorien: 360 kcal | Eiweiß: 20,8 Gramm | Fett: 30 Gramm | Kohlenhydrate: 1,7 Gramm

Zutaten für eine Person:

2 Eier | 2 EL Joghurt | 1 Messerspitze gelbes Currypulver | etwas Pfeffer weiß | 20 Gramm Blauschimmel Käse (Gorgonzola oder Bavaria Blue) | 1 TL Butter | 1 TL Bergkäse gerieben

Zubereitung:

1. Die Eier mit dem Joghurt, dem Curry und dem Pfeffer glatt rühren.
2. In der heißen Butter leicht stocken lassen.
3. Den Blauschimmel Käse darauf verteilen, zusammenklappen und mit dem Bergkäse bestreuen.
4. Die Pfanne nun in den Ofen stellen und mit der Grillfunktion für weitere 4 Minuten fertig garen.

Notizen:

_____

_____

_____

8. Tag: Schinken-Käse Soufflee

Kalorien: 357,3 kcal | Eiweiß: 20,7 Gramm | Fett: 29,3 Gramm | Kohlenhydrate: 2,7 Gramm

Zutaten für eine Person:

10 Gramm Butter | 10 Gramm Mandelmehl | 50 ml Milch | Salz und Pfeffer | 1 Ei | 20 Gramm Parmesan fein gerieben | 2 dünne Scheiben Kochschinken

Zubereitung:

1. Die Butter in einem kleinen Topf schmelzen lassen und mit dem Schneebesen zügig das Mandelmehl einrühren.
2. Mit der Milch aufgießen und für 2 Minuten unter ständigem Rühren kochen lassen.
3. Von der Flamme nehmen und etwas auskühlen lassen. Salzen und pfeffern und das Ei trennen.
4. Das Eiklar zu einem steifen Schnee verarbeiten.
5. Das Eigelb zusammen mit dem Parmesan unter die Milch-Masse rühren.
6. Den Schinken klein schneiden und ebenfalls untermengen.
7. Nun den Eischnee behutsam unterheben und die Masse in ein leicht gebuttertes, feuerfestes Förmchen füllen.

8. Den Backofen auf 200° Celsius aufheizen und das Soufflee bei Ober,- und Unterhitze für 20 Minuten backen.
9. Während des Backens den Backofen nicht öffnen.

Notizen:

_____

_____

_____

_____

_____

Avocado gefüllt

Kalorien: 531,9 kcal | Eiweiß: 36,4 Gramm | Fett: 40,3 Gramm | Kohlenhydrate: 5,9 Gramm

Zutaten für eine Person:

1 Avocado | 80 Gramm Hühnerbrust | 1 Schalotte | 1 TL Olivenöl | 1 EL Walnüsse gehackt | 40 Gramm Camembert | Salz und Pfeffer

Zubereitung:

1. Die Avocado halbieren und vom Kern befreien.
2. Mit einem Löffel das Fruchtfleisch leicht auskratzen und das Fruchtfleisch klein schneiden.
3. Die Hühnerbrust in dünne Streifen schneiden, die Schalotte klein würfeln und zusammen im Olivenöl für etwa 3 Minuten scharf anbraten.
4. Die Nüsse und das Fruchtfleisch hinzugeben, kurz durchschwenken und in die Avocado-Hälften füllen.
5. Den Camembert würfeln und auf der Avocado verteilen.
6. Salzen und pfeffern und auf ein mit Backpapier ausgelegtes Backblech legen.
7. Den Ofen auf 200° Celsius aufheizen und die Avocado für 5 Minuten bei Ober,- und Unterhitze backen.

Notizen:

9. Tag:

Kalorien: 280,6 kcal | Eiweiß: 19,5 Gramm | Fett: 21 Gramm | Kohlenhydrate: 3,4 Gramm

Zutaten für eine Person:

6 Stangen Spargel weiß | 6 dünne Scheiben Putenschinken | 1 Ei | 1 EL Mandelmehl | Salz und Pfeffer

Zubereitung:

1. Den Spargel schälen und von den holzigen Enden befreien.
2. Für etwa 10 Minuten in Salzwasser kochen. Das Wasser ableeren und den Spargel mit kaltem Wasser abschrecken.
3. Den Spargel mit dem Schinken umwickeln.
4. Das Ei mit dem Mandelmehl verquirlen und dezent mit Salz und Pfeffer würzen.
5. Den Spargel in der Masse eintauchen und auf ein mit Backpapier ausgelegtes Blech legen.
6. Den Backofen auf 200° Celsius ausheizen und den Spargel bei Ober,- und Unterhitze für 5 Minuten knusprig backen.

Notizen:

_____

_____

_____

Lamm Spieß mit Minz-Sauce

Kalorien: 377,2 kcal | Eiweiß: 37,8 Gramm | Fett: 23,2 Gramm | Kohlenhydrate: 4,3 Gramm

Zutaten für eine Person:

150 Gramm Lamm-Rücken | 4 braune Champignons | 2 Knoblauchzehen | etwas Rosmarin | etwas Thymian | Salz und Pfeffer | 1 EL Butter | 1 TL Mandelmehl | 2 EL Schmand | 1 EL Minze fein gehackt

Zubereitung:

1. Das Lamm in mundgerechte Würfel schneiden und abwechselnd mit den Champignons auf einen Holz-Spieß fädeln.
2. Den Knoblauch mit dem Rosmarin und dem Thymian in einem Mörser zerkleinern.
3. Das Lamm damit einreiben, salzen und pfeffern und in einer Pfanne in Butter von allen Seiten für je eine Minute anbraten.
4. Auf einen Grillrost legen und für weitere 12 Minuten bei 120° Celsius und Ober,- und Unterhitze fertig garen.
5. Nun das Mandelmehl mit dem Schneebesen in die eben verwendete Pfanne einrühren.
6. Den Schmand hinzufügen und unter ständigem Rühren einmal aufwallen lassen.

7. Die Minze einrühren, mit Salz und Pfeffer abschmecken und die Sauce gemeinsam mit dem Spieß anrichten.
8. Wer keine Minze mag, kann natürlich sämtliche Kräuter für die Sauce verwenden.

Notizen:

_____
_____
_____
_____
_____

10. Tag:

Pancake mit Thunfisch

Kalorien: 352,9 kcal | Eiweiß: 48,5 Gramm | Fett: 16,5 Gramm | Kohlenhydrate: 2,6 Gramm

Zutaten für eine Person:

150 Gramm Thunfisch Steak | Salz und Pfeffer | etwas Zitronensaft | 1 Ei | 2 EL Schmand | 2 EL Mandelmehl | 1 EL Möhre fein geraspelt | 1/2 TL Dill gehackt | 1/2 TL Butter

Zubereitung:

1. Das Thunfisch Steak salzen und pfeffern und mit etwas Zitronensaft beträufeln.
2. In einer Grillpfanne ohne Fett für 2 Minuten auf jeder Seite anbraten.
3. Das Ei mit dem Schmand verquirlen und mit dem Mandelmehl glattrühren.
4. Die geraspelte Möhre und den Dill hinzufügen und dezent mit Salz und Pfeffer abschmecken.
5. In einer Pfanne in heißer Butter zu einem Pfannkuchen backen.
6. Zusammen mit dem Fisch servieren.

Notizen:

_____

_____

_____

Eiweiß Shake mit Haferkleie

Kalorien: 97,9 kcal | Eiweiß: 12,3 Gramm | Fett: 3,9 Gramm | Kohlenhydrate: 3,4 Gramm

Zutaten für eine Person:

200 ml Sojamilch | 2 Eiklar | 1 EL Haferkleie | 1 Prise Himalaya Salz | 1 Spritzer Süßstoff

Zubereitung:

1. Alle Zutaten in den Standmixer oder den Smoothie Maker geben und zu einem geschmeidigen Shake verarbeiten.
2. Am besten für 10 Minuten im Kühlschrank quellen lassen und anschließend genießen.
3. Dieser Shake ist auch eine ideale Zwischenmahlzeit, wenn sich Heißhunger auf Süßes anmeldet.

Notizen:

_____

_____

_____

_____

11. Tag:

Zucchini Nudeln mit Huhn und Pesto

Kalorien: 398,5 kcal | Eiweiß: 36,8 Gramm | Fett: 26,5 Gramm | Kohlenhydrate: 3,2 Gramm

Zutaten für eine Person:

100 Gramm Hühnerbrust | 1/2 Zwiebel rot | 1 TL Olivenöl | Salz und Pfeffer | 1 kleine Zucchini | 1/2 Bund Koriander | 1 EL Walnüsse grob gehackt | 2 EL Walnuss Öl | 1 EL Parmesan gerieben

Zubereitung:

1. Die Hühnerbrust in dünne Streifen schneiden und die Zwiebel in dünne Scheiben schneiden.
2. Zusammen im Olivenöl für 4 Minuten anbraten.
3. Salzen und pfeffern und auf kleiner Hitze köcheln lassen.
4. Die Zucchini mit dem Sparschäler zu "Nudeln" verarbeiten und ebenfalls in die Pfanne geben.
5. Für 4 Minuten mit dem Fleisch und der Zwiebel durchschwenken.
6. In der Zwischenzeit den Koriander mit den Walnüssen, dem Walnuss Öl und dem Parmesan in den Mixer geben.

7. Zu einem cremigen Pesto verarbeiten und leicht salzen und pfeffern.
8. Das Pesto ebenfalls in die Pfanne geben, kurz durchschwenken und anrichten.
9. Du kannst sämtliche andere Nüsse oder kerne für das Pesto verwenden.
10. Mit Kürbiskernen erhältst Du ein sehr intensives, aromatisches Pesto.

Notizen:

_____

_____

_____

_____

_____

Rührei mit Schinken

Kalorien: 419,1 kcal | Eiweiß: 25,4 Gramm | Fett: 33,9 Gramm | Kohlenhydrate: 3,1 Gramm

Zutaten für eine Person:

60 Gramm Schinken gekocht | 1 Schalotte | 1 Knoblauchzehe | 1 TL Butter | 2 Eier | 20 ml Sahne | Salz und Pfeffer | etwas Majoran getrocknet | 1 TL Schnittlauch in Röllchen

Zubereitung:

1. Den Schinken in dünne Streifen schneiden und die Schalotte und den Knoblauch fein hacken.
2. Zusammen in der Butter goldbraun anbraten.
3. Die Eier mit der Sahne verquirlen, mit Salz und Pfeffer abschmecken und mit Majoran aromatisieren.
4. Über den Schinken gießen und bei kleiner Hitze langsam stocken lassen.
5. Mit einem Kochlöffel zu einem Rührei zerreißen, anrichten und vor dem Servieren großzügig mit Schnittlauch bestreuen.

Notizen:

_____

_____

_____

12. Tag:

Faschierte Laibchen

Kalorien: 399,9 kcal | Eiweiß: 47,4 Gramm | Fett: 20 Gramm | Kohlenhydrate: 4,8 Gramm

Zutaten für eine Person:

140 Gramm Geflügel Hackfleisch | 1 Ei | 1/2 TL Senf scharf ohne Zuckerzusatz | 1 Chili rot | 1/2 cm Ingwer frisch | 1/2 Zwiebel | 1 Knoblauchzehe | 1/2 TL Butter | 20 Gramm Bergkäse würzig | 1 EL Petersilie fein gehackt | 1 EL Weizenkleie | Salz und Pfeffer | etwas Thymian getrocknet

Zubereitung:

1. Das Hackfleisch mit dem Ei und dem Senf gut vermengen.
2. Chili, Ingwer und Knoblauch klein schneiden und in der Butter für 2 bis 3 Minuten anschwitzen.
3. Danach zum Hackfleisch geben und durchmengen.
4. Den Bergkäse klein würfeln und zusammen mit der Petersilie, der Haferkleie und dem Thymian ebenfalls zum Hackfleisch geben.
5. Salzen und pfeffern und gut durchkneten.
6. Mit feuchten Händen Laibchen formen und diese in einer beschichteten Pfanne ohne Öl braten. (Wenn

du der Meinung bist mehr Fett zu benötigen kannst du hier Olivenöl zum Braten verwenden)
7. Du solltest die Laibchen auf jeder Seite für etwa 3 Minuten braten.
8. Wenn Du Ketchup zu Deinen Laibchen essen möchtest, solltest Du darauf achten, dass Du Ketchup ohne Zuckerzusatz verwendest.

Notizen:

_____

_____

_____

_____

Süßes Rührei

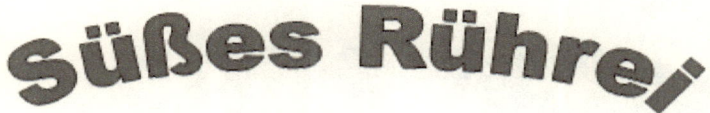

Kalorien: 297,6 kcal | Eiweiß: 14,7 Gramm | Fett: 25,2 Gramm | Kohlenhydrate: 3 Gramm

Zutaten für eine Person:

2 Eier | 1 Prise Zimt | etwas Vanille Aroma | 2 EL Schmand | 1 Spritzer Süßstoff | 1 EL Haselnüsse fein gehackt | 1/2 TL Butter | 1 Prise Himalaya Salz

Zubereitung:

1. Die Eier mit dem Schmand verquirlen und mit dem Zimt und dem Vanille Aroma glatt rühren.
2. Mit Salz und Süßstoff abschmecken.
3. Die Haselnüsse in der Butter leicht anrösten und das Ei darüber gießen.
4. Für 3 Minuten stocken lassen und mit dem Kochlöffel zu einem schönen Rührei zerreißen.

Notizen:

_____

_____

_____

_____

13. Tag:

Kalorien: 255 kcal | Eiweiß: 11,2 Gramm | Fett: 21,8 Gramm | Kohlenhydrate: 3,5 Gramm

Zutaten für eine Person:

1 Schalotte | 1/2 TL Butter | 2 EL Apfelessig | 150 ml Gemüsebrühe | 1 EL Gouda gerieben | 1 EL Tilsiter gerieben | 50 ml Kokosmilch | Salz und Pfeffer | 1 Prise Anispulver | 1/2 TL Parmesan | 1/2 TL Kokosraspeln

Zubereitung:

1. Die Schalotte fein hacken und in der Butter glasig anschwitzen.
2. Mit dem Apfelessig ablöschen und die Flüssigkeit beinahe vollständig einreduzieren lassen.
3. Mit der Brühe aufgießen und einmal aufkochen lassen.
4. Den Gouda und den Tilsiter einrühren und bei mittlerer Hitze unter ständigem Rühren schmelzen lassen.
5. Die Kokosmilch einrühren und mit Salz, Pfeffer und Anis abschmecken.
6. Die Kokosraspeln in der Zwischenzeit in einer Pfanne ohne Öl schön dunkel rösten.

7. Die Suppe anrichten, mit Parmesan und Kokosraspeln bestreuen und genießen.
8. Du kannst für diese Käsesuppe natürlich jeden Käse Deiner Wahl verwenden.

Notizen:

_____

_____

_____

_____

_____

Omelette mit Muscheln

Kalorien: 294,9 kcal | Eiweiß: 21,5 Gramm | Fett: 20,2 Gramm | Kohlenhydrate: 4,6 Gramm

Zutaten für eine Person:

60 Gramm Miesmuscheln ohne Schale | 1 EL Butter | 2 Eier | 2 EL saure Sahne | 10 Gramm Sojasprossen | 1 TL Kerbel gehackt | Salz und Pfeffer

Zubereitung:

1. Die Muscheln in der Butter für etwa 2 Minuten braten.
2. Die Eier mit der sauren Sahne verquirlen und mit Salz und Pfeffer dezent abschmecken.
3. Den Kerbel einrühren und das Ei über die Muscheln gießen.
4. Die Pfanne mit einem Deckel verschließen und das Omelette bei kleiner Flamme für etwa 3 Minuten gut stocken lassen.
5. Den Deckel abnehmen, die Sojasprossen auf dem Omelette verteilen, für eine Minute ziehen lassen und anrichten.

Notizen:

_____

_____

_____

14. Tag: Spinat mit Schinken und Ei

Kalorien: 378,1 kcal | Eiweiß: 19,1 Gramm | Fett: 32,1 Gramm | Kohlenhydrate: 3,2 Gramm

Zutaten für eine Person:

1 Schalotte | 1 Knoblauchzehe | 1 TL Butter | 60 Gramm Blattspinat | 50 Gramm Schmand | Salz und Pfeffer | etwas Muskat gerieben | Majoran getrocknet | 2 Scheiben Schinken | 1 Ei | 1 Messerspitze Paprikapulver scharf

Zubereitung:

1. Die Schalotte und den Knoblauch klein hacken und in der Butter glasig anbraten.
2. Den Blattspinat grob hacken und mit hinzufügen.
3. Den Spinat zusammenfallen lassen, den Schmand einrühren und mit Salz, Pfeffer und Muskat würzen.
4. Mit Majoran aromatisieren.
5. Den Schinken in einer beschichteten Pfanne von beiden Seiten knusprig braten.
6. Das Ei mit Salz, Pfeffer und Paprika verquirlen, auf den Schinken gießen und für 2 Minuten stocken lassen.
7. Danach wenden und für eine weitere Minute braten. Zusammen mit dem Spinat servieren und genießen.

Notizen:
___
___
___

Huhn im Kräuter und Ei-Mantel

Kalorien: 397,5 kcal | Eiweiß: 53,1 Gramm | Fett: 19,9 Gramm | Kohlenhydrate: 1,5 Gramm

Zutaten für eine Person:

140 Gramm Hühnerbrust | Salz und Pfeffer | 1 EL Mandelmehl | 1 Ei | 2 EL Sahne | 1/2 TL Petersilie gehackt | 1/2 TL Koriander gehackt | etwas Thymian frisch | 3 Nadeln Rosmarin fein gehackt | 1 EL Butter

Zubereitung:

1. Die Hühnerbrust sehr dünn klopfen, salzen, pfeffern und im Mandelmehl wälzen.
2. Das Ei mir der Sahne verquirlen, salzen und pfeffern und mit Petersilie, Koriander, Thymian und Rosmarin aromatisieren.
3. Die Hühnerbrust durch das Ei ziehen und in der Pfanne mit heißem Butter anbraten.
4. Mit dem restlichen Ei übergießen und nach etwa 3 Minuten wenden.
5. Für weitere 2 Minuten braten und servieren.

Notizen:

Bonustipps für eine maximale Fettverbrennung

Neben der richtigen Ernährung spielt natürlich auch die Bewegung eine große Rolle. Damit der Stoffwechsel schon morgens ordentlich in Schwung kommt, solltest Du jeden Tag in der Früh eine kleine Trainingseinheit einplanen. Dafür reichen durchaus 10 Minuten. Du kannst tanzen, Sit-ups machen, Dich auf den Hometrainer stellen oder bei YouTube nach abwechslungsreichen Aerobic und Trainingseinheiten suchen. Hier wird für jeden Geschmack das Richtige geboten und Du wirst sehen, wie energiegeladen Du dadurch in den Tag startest.

Genauso wichtig ist es, ausreichend zu trinken. Versuche wirklich, dass Du täglich 3 Liter Wasser konsumierst. Du solltest zu hochwertigem Mineralwasser greifen. Besser ist immer stilles Wasser. Wenn Dir Wasser alleine zu langweilig ist, kannst Du es mit frischen Kräutern, Ingwer, Zimt, Nelken und aufgeschnittenen Zitrusfrüchten aromatisieren.

Jede Diät ist einfacher, wenn Du sie mit jemandem gemeinsam durchziehen kannst. Wenn Du Deine Familie nicht dazu bewegen kannst, vielleicht hat ein Freund oder eine Freundin Lust darauf. So könnt Ihr Euch auch täglich über Eure Erfolge austauschen und gegenseitig motivieren. Auch ein neues Hobby sorgt dafür, dass Du Dich ablenkst und sich Deine Gedanken nicht ständig ums Essen drehen müssen.

Ganz wichtig ist, dass Du Dir immer Zeit zum Essen nimmst. Du solltest Dich dabei auch niemals ablenken lassen. So überlistest Du Deinen Körper, da er sich ganz auf das Essen konzentriert und schneller satt wird. Die Zeitung oder das Internet zum Frühstück und Deine Lieblings-Serie zum Abendessen sind somit Tabu. Auch das langsame und genüssliche Kauen ist extrem wichtig. Die Großeltern hatten schon recht, als sie stets dazu gemahnt hatten. Auf keinen Fall solltest Du hektisch zwischen Tür und Angel essen. Je schneller Du schlingst, umso länger benötigt Dein Gehirn deinem Magen zu melden, dass Du satt bist.

Ein heißer Tipp für eine maximale Fettverbrennung im Schlaf ist der Eiweiß Booster. Das Rezept dazu findest Du in unserem Kapitel Snacks. Diesen lässt Du Dir kurz vor dem Schlafengehen schmecken. Er kurbelt den Stoffwechsel an und Deine Pfunde schmelzen über Nacht dahin.

Damit Du nicht zwischendurch in Verführung kommst, solltest Du Deinen Kühlschrank und die Vorratskammer im Vorfeld optimieren und sämtliche "Sünden" aus Deinem Blickfeld räumen. Dies ist ein kleiner Trick mit großer Wirkung, denn alles was nicht vorhanden ist, kann Dich auch nicht verleiten.

Wenn Du die ersten 14 Tage durchgehalten hast, kannst Du einen kleinen Mogel-Tag einlegen. An diesem sollst Du nun aber nicht hemmungslos schlemmen. Du darfst aber zum Beispiel zum Mittagessen eine kleine Portion Kohlenhydrate als Beilage genießen. Vielleicht hast Du aber auch Lust auf eine Portion Spaghetti - denk aber daran, es nicht zu übertreiben.

Sobald Du Dein Wunschgewicht erreicht hast, solltest Du den Genuss von Kohlenhydraten langsam steigern und nicht sofort wieder in alte Muster zurückfallen. Wichtig um Dein Gewicht auch langfristig zu halten ist, dass Du auch in Zukunft einmal pro Woche einen strikten ketogenen Tag einlegst. So kann sich Dein Gewicht immer schön auspendeln und der Jo-Jo Effekt kann Dir nichts anhaben.

Wir wünschen Dir ein gutes Gelingen und hoffen, dass Dir unsere Rezepte gut schmecken und Dich auf dem Weg zum Wunschgewicht begleiten.

Impressum

© 2018 Food Experts 2. Auflage 2019
Umschlaggestaltung, Illustration: Paul Kurpiela
Föhrenstr. 8 77656 Offenburg
paul.kurpiela@gmail.com
Das Werk, einschließlich seiner Teile, ist urheberrechtlich geschützt. Jede Verwertung ist ohne Zustimmung des Verlages und des Autors unzulässig. Dies gilt insbesondere für die elektronische oder sonstige Vervielfältigung, Übersetzung, Verbreitung und öffentliche Zugänglichmachung. Bibliografische Information der Deutschen Nationalbibliothek: Die Deutsche Nationalbibliothek verzeichnet diese Publikation in der Deutschen Nationalbibliografie; detaillierte bibliografische Daten sind im Internet über http://dnb.d-nb.de abrufbar. Rechtliches & Haftungsausschluss. Der Autor übernimmt keine juristische Verantwortung und keinerlei Haftung für Schäden, die aus der Benutzung dieses Buches entstehen. Außerdem ist der Autor nicht verpflichtet, Folge- oder mittelbare Schäden zu ersetzen. Gewerbliche Kennzeichen- und Schutzrechte bleiben von diesem Titel unberührt. Das Werk ist einschließlich aller Teile urheberrechtlich geschützt. Das vorliegende Werk dient nur den privaten Gebrauch. Alle Recht, auch die der Übersetzung, des Nachdrucks und der Vervielfältigung dieses Titels oder von Teilen daraus, verbleiben beim Autor. Ohne die schriftliche Einwilligung des Autors darf kein Teil dieses Dokumentes in irgendeiner Form oder auf irgendeine elektronische oder mechanische Weise für irgendeinen Zweck vervielfältigt werden. Suchen Sie bei unklare oder heftigen Beschwerden unbedingt einen Arzt auf! Die Informationen in diesem Buch sind vom Autor sorgfältig recherchiert und zusammengestellt worden, sie können aber keineswegs einen Arzt ersetzen! Die hier dargestellten Informationen dienen nicht Diagnosezwecken oder als Therapieempfehlungen. Eine Haftung des Autor für Personen-, Sach- und Vermögensschäden durch dieses Buch wird ausgeschlossen.

www.ingramcontent.com/pod-product-compliance
Lightning Source LLC
Chambersburg PA
CBHW020444220526
45464CB00002B/855